# Baron ERNOUF.

# DE L'EMPLOI

### DES

# PHOSPHATES MINÉRAUX

# EN AGRICULTURE.

PARIS

IMPRIMERIE CENTRALE DES CHEMINS DE FER

DE NAPOLÉON CHAIX ET C⁰

Rue Bergère, 20, près du boulevard Montmartre

1860

Baron **ERNOUF.**

# DE L'EMPLOI

DES

# PHOSPHATES MINÉRAUX

# EN AGRICULTURE.

PARIS

IMPRIMERIE CENTRALE DES CHEMINS DE FER

DE NAPOLÉON CHAIX ET Cᵉ

Rue Bergère, 20, près du boulevard Montmartre

1860

# TABLE

—

# DE L'EMPLOI



# PHOSPHATES MINÉRAUX

## EN AGRICULTURE

Les indications de la chimie agricole, au sujet de la stérilisation progressive du sol arable, sont d'une logique rigoureuse et inquiétante. Elles nous montrent les contrées jadis les plus fertiles et les plus peuplées du monde transformées en déserts, ou du moins appauvries singulièrement par l'abus de la production, et les campagnes de l'Occident européen arrivant à leur tour à une période de décadence. Si l'humanité continuait à suivre avec la même indifférence le cours naturel des choses, chaque civilisation serait fatalement entraînée à se détruire elle-même par suite du déplacement forcé des grands centres de population. De ces épuisements partiels, il se formerait à la longue un épuisement complet, et les hommes périraient tous par la famine, avant que la terre elle-même fût brisée par le choc de quelque comète.

Heureusement la chimie est plus clémente à notre égard que l'astronomie ; elle indique le remède à côté du mal, et livre à la pratique agricole des moyens énergiques, efficaces, de réparer les forces productives du sol. Avant d'indiquer et de comparer ces moyens, nous allons entrer dans quelques détails sur la nature du péril auquel il s'agit d'obvier.

## I.

Il est définitivement reconnu aujourd'hui que le phosphore, substance minérale dont l'importance avait été longtemps méconnue, est en réalité l'élément le plus essentiel de la fertilité du sol, en ce qui concerne les végétaux alimentaires. Exporté continuellement dans ces végétaux, et de là dans les hommes et les animaux, il y demeure fixé dans la composition du système osseux, pendant un temps plus ou moins long, souvent même pendant une longue suite de siècles, quand les circonstances qui suivent la cessation de la vie animale prolongent cet isolement. Ceci posé, il est bien évident qu'un domaine rural cultivé sans relâche, soumis par conséquent à une exportation incessante de phosphore sous forme de céréales et de fourrages, doit forcément s'appauvrir au bout d'un laps de temps plus ou moins considérable; car, ainsi que nous le démontrerons tout à l'heure, la perte annuelle de phosphore (assimilé aux végétaux sous forme d'acide phosphorique, puis confiné en grande partie dans l'homme et les animaux sous. forme de phosphate de chaux) n'est que très-imparfaitement compensée par l'emploi des engrais produits et consommés *directement* par le domaine lui-même. Si la fertilité persiste, ce ne peut être que par suite d'une réintégration considérable de la substance fertilisante, réintégration qui peut résulter, soit d'un système d'irrigation bien entendu, soit de tout autre supplément d'engrais naturels ou artificiels. Donc, toute exploitation agricole qui ne possédera pas de prairies irriguées, ou qui n'importera pas d'engrais du dehors, devra tôt ou tard arriver à une disette de phosphates qui se fera sentir par la diminution des récoltes.

Dans une curieuse série de recherches, M. Boussingault a constaté la fertilité exceptionnellement persistante, et s'accroissant par la culture même, d'un domaine rural situé en Alsace, et régulièrement arrosé par une petite rivière dont les eaux rencontrent sans doute dans les Vosges des gisements souterrains de phosphates minéraux ou fossiles. En comparant par l'analyse les résultats obtenus dans les récoltes d'une partie de ce domaine, aux engrais que cette même partie avait reçus, M. Boussingault a trouvé que le sol avait récupéré une quantité d'acide phosphorique supérieure de plus d'un cinquième à celle que lui avaient enlevée les récoltes de diverses natures. Cette expérience mémorable explique à merveille la fécondité persistante de la vallée du Nil, placée dans les mêmes conditions que le domaine de Bechelbronn. Mais il est bien peu de terrains qui se trouvent dans des conditions exceptionnelles capables de sauvegarder et d'augmenter même ainsi, pendant de longues suites de siècles, l'intégralité de leur puissance productive. En tenant compte de l'augmentation croissante des populations, et si vaillante que soit, sur certains points, la résistance de nos terres arables à l'épuisement, elles peuvent être considérées, à un point de vue général, comme dans un état de siége permanent, dans lequel la production alimentaire leur enlève plus de substances fertilisantes de toute nature qu'elles n'en peuvent récupérer par « le résidu ultime des matières cultivées. »

Un chimiste distingué, M. Malaguti, est arrivé à établir, par des calculs fort exacts et fort curieux, qu'en France le rendement total des fumiers ne dépassait pas 5 mètres cubes par hectare, répartis d'ailleurs fort inégalement sur toute la surface des terrains cultivés. Or, comme on le verra tout à l'heure, les fumiers ne rendent au sol qu'une minime partie de l'acide phosphorique exporté dans les hommes et les animaux. Ils lui restituent, il est vrai, en plus forte proportion, l'azote, élément essentiel de la végétation, comme le phosphore l'est de la fructification. Mais sur bien des points cette restitution demeure souveraincment insuffisante, et l'on peut poser en règle générale qu'il est, dans toutes les parties de la France, peu de domaines ruraux dont la culture ne réclame impérieusement une quantité plus ou moins considérable d'engrais artificiels.

C'est aux recherches de Saussure sur la végétation (1804) que la chimie doit les premières indications du rôle essentiel que remplissent les phosphates dans la fructification des plantes alimentaires.

Les analyses de cendres végétales faites par Saussure révélèrent dans chaque espèce de plante la présence régulière d'une certaine quantité de substances minérales. Ce fait a été confirmé par des expériences analogues, renouvelées sur une plus grande échelle par MM. Bertier et Boussingault. Ces observations devaient avoir d'importantes conséquences pour l'agriculture. On commença à soupçonner que la fertilité du sol n'est pas déterminée seulement par l'abondance des débris d'origine organique, de l'humus, en un mot par l'*azote*, mais aussi par la présence des matières minérales que l'analyse avait constatées. Pour arriver à des résultats plus positifs, on analysa non-seulement les plantes entières, mais les diverses fractions de chaque plante, et l'on y reconnut l'existence d'une certaine quantité d'acide phosphorique à l'état de phosphate de chaux ou de potasse, quantité particulièrement considérable dans celles qui servent directement à l'alimentation de l'homme, notamment dans les pois chiches, les haricots, et dans toutes les céréales. On en a conclu que l'acide phosphorique est nécessaire au complet développement de ces plantes, et cette conclusion a été confirmée d'une manière éclatante par une expérience récente de M. Boussingault. Cet illustre observateur a vu, en 1857, une plante rester chétive dans un sol riche en principes azotés assimilables, mais dépourvu de phosphates, et ne prendre son accroissement normal qu'autant qu'on lui fournissait cet aliment. On a reconnu

également que les branches, les feuilles, les tiges, etc., renfer-
maient bien moins d'acide phosphorique que les graines. Jusque-là, le rôle essentiel dans les phénomènes de la végétation
appartient à l'azote, et il semble que ce n'est qu'au moment de
la formation de ces organes de la fructification que l'acide phosphorique pénètre dans la plante.

Il est donc aujourd'hui constaté scientifiquement que le phosphate est un des éléments les plus essentiels de la fertilité du
sol ; que sans son concours les végétaux nécessaires à la nour-
riture de l'homme et des animaux ne peuvent arriver à leur
complet développement ; que ces végétaux mêmes (céréales,
légumes et fourrages) sont ceux qui enlèvent au sol la plus
grande quantité de cette substance ; qu'enfin, chaque jour accroît
ainsi la masse retirée à la circulation générale ; car, à la différence d'autres substances essentiellement aptes à reprendre l'état
aériforme, le phosphore engagé dans des combinaisons fixes, peu
altérables (notamment dans la construction du système osseux),
reste généralement là où il est déposé (1).

Ainsi, en thèse générale, la terre s'appauvrit par sa fécondité
même ; sa force productive, sollicitée incessamment, l'épuise peu
à peu à nourrir, à former l'homme et les animaux, qui, vivants
ou morts, ne lui restituent dans, l'ordre naturel des choses, sous
forme d'engrais, qu'une faible partie de ce qu'ils lui ont enlevé.

Déjà, grâce à cet épuisement, les contrées de l'Orient qui ont
nourri des milliards de créatures humaines dans les premiers âges
du monde, sont aujourd'hui presque entièrement dépeuplées.

Eh bien ! l'analyse chimique démontre que, soumis à la même
activité dévorante de production dans les âges modernes, l'Occident est en train de s'épuiser à son tour ; que, par exemple,
sur le sol de la France les plantes nécessaires à l'alimentation
de l'homme et des animaux ne *trouvent plus généralement en*

(1) P. Dehérain, *Recherches sur l'emploi agricole des phosphates*, p. 10.

*grande quantité* le phosphore nécessaire à leur fructification. Sur sept échantillons de terres arables empruntés à divers départements de la France, la proportion d'acide phosphorique a varié de 0 gr. 278 par kilogramme, fournis par une terre de Brie, à 0 gr. 064 fournis par une terre d'Indre-et-Loire, qui, dans cette circonstance, a soutenu assez mal l'ancienne réputation de la Touraine. Une terre de bruyères de la Sologne, une terre à chanvre de la Somme, n'ont pas même donné trace d'acide phosphorique (1).

Sans doute, même d'après ces données, la disette universelle n'apparaît que dans un lointain immense. Bien des siècles passeraient encore avant que nous en fussions réduits à l'icthyophagie, en attendant l'anthropophagie. Toutefois, ces symptômes qui se manifestent dans nos campagnes donnent sérieusement à penser. On peut appréhender que, dans un avenir plus ou moins éloigné, la difficulté de pourvoir à la subsistance d'une population de plus en plus nombreuse, ne vienne étrangement compliquer les embarras sociaux de certains pays, déjà passablement difficiles à gouverner, et ne les mette à la merci de quelque nation nouvelle, à laquelle la fécondité juvénile de ses immenses campagnes assurerait une prédominance marquée sur la vieille Europe (2).

(1) Nous savons bien que, d'une part, l'analyse est loin d'avoir décelé dans certains terrains toutes les substances qui y existent cependant, et que les plantes savent en extraire; et d'autre part, que les eaux de pluie et l'air lui-même apportent sans cesse infiniment de minimes quantités de principes minéraux que certains terrains plus perméables que d'autres s'assimilent avec une merveilleuse facilité. Mais cette accumulation de petites résistances ne restitue pas, en définitive, à la généralité du sol l'intégralité de ses éléments réparateurs, et il en existe des portions constituées d'une manière tellement favorables qu'il suffit de leur rendre le résidu ultime des matières qu'elles ont produites : ce sont d'heureuses exceptions qui ne préjudicient en rien aux principes généraux, bien qu'elles en puissent retarder les conséquences.

(2) On ne remarque pas assez que les États-Unis seuls expédient annuellement pour 200,000,000 de blés en Europe. C'est là une réserve précieuse, si l'on veut; mais au point de vue de l'intérêt politique, mieux faudrait qu'elle nous fût moins nécessaire, et que, par exemple, les moindres accidents de récolte ne nous missent pas à la merci des arrivages étrangers.

## II.

Ces indications historiques et scientifiques n'ont rien d'invraisemblable ni de consolant ; mais, heureusement, comme nous le disions au début, la chimie indique le remède en même temps que le mal. Nous allons passer rapidement en revue les procédés nouveaux de fécondation que lui doit l'industrie agricole.

Reprendre aux ossements des individus appartenant au régime animal la substance fertilisante qui y demeure inutilement engagée après leur mort, telle est la conclusion matériellement logique de la théorie que nous venons d'exposer, et ce remède à l'épuisement du sol a été mis en pratique avec une activité remarquable depuis plusieurs années. Un scrupule d'ordre tout différent vient ici se placer en face de la question scientifique. Y a-t-il parmi ces ossements une distinction à faire ? Faut-il supprimer, au nom de l'utilité sociale, le respect traditionnel des morts ? C'est là un détail en dehors des préoccupations habituelles de la science, mais qui nous paraît, à nous, donner le sujet de toute la hauteur d'une question morale. Pour l'honneur de l'humanité, pour celui de la science elle-même, espérons qu'on n'en viendra jamais à qualifier de contre-sens économique, de gaspillage malavisé d'engrais, les soins pieux qu'on prend pour isoler de la terre la dépouille mortelle d'êtres chéris.

Malheureusement, l'industrie du broyage des os n'a pas montré de grands scrupules à cet égard, et d'odieuses profanations ont marqué son histoire d'une tache indélébile.

L'idée de se servir des os pilés comme engrais appartiendrait primitivement à la France, s'il est vrai, comme on l'assure, que les premiers ossements qui aient été employés ainsi provenaient d'une fabrique d'objets en os, établie depuis de longues années à Thiers, en Auvergne. Toutefois, ainsi qu'il est arrivé souvent pour d'autres découvertes non moins importantes, le mérite de celle-ci demeura d'abord stérile pour la France. Ce ne fut qu'au commencement de ce siècle que l'emploi des os pilés commença à se répandre en Allemagne; puis les Anglais, suivant leur usage en toute chose, s'en emparèrent et le développèrent avec une ardeur incroyable. Une usine de broyage fut montée à Hull, dans le comté d'York : ses bénéfices furent tels, que plusieurs autres établissements vinrent bientôt lui faire concurrence. Puis, comme vers cette époque (1822-1825) la science avait déjà constaté que les ossements humains offraient les mêmes ressources de fécondation que ceux des animaux, les pourvoyeurs de ces usines n'en demandèrent pas davantage pour entreprendre des exploitations sacriléges dans tous les grands champs de bataille du premier Empire. Ces profanations ont continué impunément jusqu'à nos jours! Des quantités considérables d'ossements de chevaux et d'hommes ont été ainsi exportées des champs de bataille de la Crimée. Magenta et Solferino attendent à leur tour la visite des vautours de l'industrie!

L'emploi des os pulvérisés commençait à s'acclimater en France, quand la découverte des propriétés du noir animal pour la coloration et la clarification des sucres vint activer la consommation des résidus d'origine organique. La fabrication du sucre de betteraves n'avait pas tardé à se développer pendant la longue guerre maritime de l'Empire. De leur côté, quand la mer fut redevenue libre, les colonies envoyèrent beaucoup de sucres bruts à traiter dans la mère-patrie. L'industrie des sucres ne tarda pas à employer une quantité considérable de noir animal. Bientôt, la vertu fertilisante déjà connue de cette substance fut utilisée sur une grande échelle. Vers 1822, on commença à employer dans les campagnes des environs de Nantes, les énormes dépôts de noir animal qui s'accumulaient aux abords des raffineries. L'effet obtenu par cet engrais fut tel, que moins de quinze ans après, cette localité, pour suffire aux demandes de l'agriculture, dut s'adresser à tous les centres de raffinerie de la France et de l'étranger. En 1837, Nantes vendait déjà quinze millions de kilogrammes de noir animal : cette quantité a plus que doublé depuis.

Les résidus d'os avaient été adoptés dans la pratique agricole longtemps avant que la chimie fût arrivée à donner des explications catégoriques sur leur efficacité. Les premiers qui traitèrent scientifiquement cette question (1830-1832) firent fausse route, en niant ou révoquant en doute l'action du phosphate de chaux sur la végétation. A cette époque, la vertu fécondatrice du noir animal n'était attribuée qu'aux principes azotés qu'il renferme toujours en quantité plus ou moins forte. Ce ne fut qu'en 1843 qu'une série d'expériences habilement dirigées par l'un des plus illustres agronomes de l'Angleterre, le duc de Richemont, restitua à l'acide phosphorique son importance jusque-là méconnue, en démontrant que l'action des os calcinés ou bouillis, privés de tout ou partie de leur matière grasse et de leur gélatine (auxquelles on avait attribué exclusivement d'abord les propriétés fertilisantes), n'était guère inférieure à celle des os crus.

Tous les résidus d'origine organique contiennent une quantité d'acide phosphorique bien supérieure, non-seulement à celle qu'offrent les meilleurs engrais de ferme, mais aussi à la plupart des autres engrais que le commerce met à la disposition de l'agriculture, sans en excepter les guanos. Les meilleurs fumiers de ferme n'ont jamais atteint à l'analyse plus de 2,25 d'acide phosphorique sur 100 de matières sèches. La fiente de pigeons, le plus précieux, mais le plus rare de tous, n'a donné à M. Boussingault que 5,88 0/0 de cette même substance. Parmi les engrais commerciaux autre que le guano (poudrettes, engrais Lemarchand ou autres), les plus riches en acide phosphorique n'atteignent pas le chiffre de 5 0/0. Cette proportion, il est vrai, s'accroît considérablement dans les guanos. Plusieurs échantillons de cet engrais ont donné par l'analyse à MM. Way et Smith 20 et même 22 0/0 d'acide phosphorique ; mais, dans les expériences faites sur d'autres échantillons, la proportion d'acide phosphorique est tombée à 17,14 et même 11 0/0. Des analyses des divers résidus d'os nous donnent en moyenne des résultats bien supérieurs à ceux-là, et, de plus, ils apportent à l'agriculture un contingent de matières azotées, qui ne le cède en rien à ceux des meilleurs fumiers.

## III.

Nous croyons avoir fait la part assez belle à l'industrie du broyage des os, pour lui dire maintenant quelques rudes vérités. Le matérialisme brutal avec lequel cette industrie a été exploitée lui a fait un tort immense. On s'est affligé des raisonnements imprudents de la science sur la *séquestration* abusive d'engrais phosphatés, commise au préjudice des vivants par les morts et ceux qui leur ont rendu les derniers devoirs. On a vu avec peine un savant distingué calculer méthodiquement combien de millions de tonnes de phosphate avaient été ainsi soustraites à la circulation, seulement en France, oubliant que ce calcul péchait par sa base même, puisque nous n'y voyons figurer aucune déduction pour des siècles entiers de barbarie, pour les grandes catastrophes sociales pendant lesquelles des millions de morts, livrés au contact immédiat de la terre, lui ont largement payé leur dette. Dans ces froides supputations, on oublie quelles moissons florissantes sont dues aux sépultures imparfaites des épidémies et des champs de bataille.

Ces témérités scientifiques, il faut le dire, ont encouragé le matérialisme pratique, et excité contre l'industrie même du broyage des os une sorte de répulsion morale. Ce sentiment s'est encore accru par suite d'autres circonstances que nous devons mentionner, car elles constituent l'un des épisodes les plus tristement curieux de l'histoire industrielle de ce temps-ci. Les partisans les plus déclarés du noir animal ont reconnu qu'aucune matière n'était plus facile à falsifier, et aucune n'a été et n'est encore l'objet de falsifications plus scandaleuses, élaborées hardiment, en plein soleil, dans des usines *ad hoc*, à l'aide de substances à peu près inertes, mais qui, grâce à leur similitude parfaite d'aspect, peuvent servir à *allonger* de moitié ou des deux tiers le noir animal.

De toutes ces substances, celle dont il a été fait le plus déplorable abus est la tourbe extraite des landes marécageuses des environs de Nantes. M. Bobierre, dans un livre fort curieux (1), donne l'historique de toutes les industries frauduleuses qui se sont greffées, en quelque sorte, comme des rameaux parasites, sur celle du noir animal. Il est constaté qu'en dix ans (1840-1850), huit millions ont été volés à l'agriculture rien que par ces additions de tourbe. Depuis cette époque, malgré les efforts des chimistes vérificateurs, secondés par certaines précautions administratives moins énergiques peut-être qu'ils ne l'auraient voulu, le commerce des engrais mélangés de tourbe continue à se faire au grand jour! Il a ses adjudications publiques, ses tarifs, ses fermiers, dont plus d'un a gagné et conservé des millions, ses fabriques et ses machines pour perfectionner par des préparations assez ingénieuses, la similitude apparente de la substance inerte avec l'engrais véritable. «La fraude se fait savante,» a dit

____

(1) *Noir animal*, analyses, emploi, vente, 1857. Bien des gens, s'ils avaient le courage d'ouvrir ce petit livre, seraient étonnés d'y trouver une lecture non pas seulement utile, mais attachante par l'intérêt et la lucidité des explications.

à ce sujet l'illustre M. Dumas, qui veut absolument voir dans ce singulier perfectionnement une sorte de progrès. Il y a vraiment par trop d'optimisme dans cette appréciation bénévole, et ce progrès nous semble ressembler à celui que représenteraient de *fausses clefs mieux faites* dans une industrie plus ancienne, mais proche parente de celle-ci.

Des convenances particulières de position ont empêché de tout dire à ce sujet; et l'on pourrait s'étonner à bon droit de la bénignité de l'administration supérieure, de l'exercice patent de la fraude, et de sa prospérité impunie. Aujourd'hui encore le commerce des engrais falsifiés est toléré officiellement. Toutes les précautions administratives se bornent à empêcher que l'acheteur soit trompé *sciemment*. A côté des engrais sincères, l'engrais falsifié s'étale fièrement sous son *drapeau noir*, et conserve encore, grâce à l'appât du bon marché, à de trompeuses promesses, de nombreux clients parmi les cultivateurs de l'Ouest. Ce singulier état de choses réclame une explication que l'exposé de M. Bobierre laisse seulement deviner. Un assez grand nombre de communes, situées dans des cantons marécageux, n'ont d'autres revenus que l'extraction de la tourbe, autrefois uniquement employée à faire *des mottes*. Ce combustible des classes nécessiteuses ayant été remplacé en grande partie par d'autres non moins économiques et plus profitants, la majeure partie des tourbes a été utilisée pour la falsification des engrais, et l'hésitation visible de l'autorité dans les mesures prohibitives portées contre cette triste industrie, s'explique par ses ménagements excessifs pour les communes qui en bénéficient. Cette tendance nous semble regrettable à tous les points de vue; aucun intérêt privé ne devrait être mis en balance avec le grand intérêt public de la loyauté du commerce et des améliorations agricoles.

La fraude ne s'exerce pas seulement à l'aide des tourbes plus ou moins artistement travaillées. On a employé au même usage des schistes, des pierres pilées, enfin n'importe quoi, pourvu que ce fût noir, pulvérulent, susceptible d'être mêlé subrepticement. Enfin la France n'a pas le monopole exclusif de ces falsifications. La plupart des noirs qui affluent au grand marché de l'Ouest n'y arrivent que plus ou moins altérés. On a signalé notamment dans le trafic des noirs hollandais un système de fraude si bien combiné que son exercice constitue une profession, celle de *repasseur*. Ces honorables industriels achètent les noirs en raffinerie, et leur enlèvent par le lavage des restes d'alcool, c'est-à-dire l'un des plus précieux de cet engrais. Ils le remplacent par des substances insignifiantes ; puis ils exportent ces noirs frelatés, encore trop bons *pour le paysan français !* Parfois même, ce qui est plus fort, ils le rétrocèdent poids pour poids aux raffineries mêmes où ils les ont pris, en leur payant encore une prime de 1 fr. par 100 kilogrammes.

Tout ceci est fort authentique et fort triste. On dirait en vérité qu'une véritable fatalité poursuit cette industrie du noir animal, compromise tout à la fois, moralement par l'emploi sacrilége des ossements humains, matériellement par les falsifications ; si bien qu'on se demanderait volontiers si ce *drapeau noir*, appliqué comme un stigmate déshonorant aux engrais frauduleux, ne devrait pas être arboré, sans distinction, sur tous les produits du broyage des os de récente origine.

On dit, il est vrai, que ces fraudes, de même que celles qu'on pratique journellement sur les guanos, sont faciles à constater par l'analyse chimique. Les bureaux de vérification établis depuis 1850 dans les départements de l'Ouest, où le commerce des engrais artificiels est le plus étendu, ont rendu effectivement de grands services, et sont appelés à en rendre encore de plus grands. Toutefois il s'en faut que l'on comprenne aussi bien en France qu'en Angleterre l'utilité de la chimie agricole.

L'établissement des chimistes vérificateurs ne sera pleinement efficace qu'alors qu'ils pourront non-seulement signaler les falsifications coupables, mais acquérir sur les agriculteurs l'ascendant moral nécessaire pour les détourner de l'achat des faux engrais, et pour réglementer avec eux l'emploi même des bons engrais, par des expérimentations préliminaires combinées d'après la nature des terrains. Or il est triste mais nécessaire de dire que ce concours assidu, fraternel, de la ferme et du laboratoire, qui tend à devenir en Angleterre la règle générale, n'existe encore en France qu'à l'état d'exception.

Les causes de cette infériorité flagrante sont d'origine fort complexe. Nous nous bornerons ici à dire que, par une coïncidence fâcheuse, les contrées de la France où il a été employé jusqu'ici le plus d'engrais artificiels sont précisément celles où il existe parmi les agriculteurs la plus grande disproportion d'éducation et de moyens pécuniaires avec l'agriculture anglaise. Affectée des mêmes besoins, celle-ci a bien d'autres ressources pour y parer. Ce n'est pas dans les landes du Morbihan et du Finistère que vous pourrez d'un jour à l'autre organiser des *farmers clubs* assez riches, assez méthodiques pour assurer, sans le concours même du gouvernement, des expérimentations judicieuses et régulières. Il se passera bien du temps encore avant qu'on y voie, comme chez les grands cultivateurs d'Angleterre, des terrains soigneusement réservés pour l'expérimentation préliminaire et comparative de chaque variété d'engrais, suivant les diverses sortes de cultures. En France, au contraire, le patronage officiel accordé à la chimie agricole n'a pu suffire encore pour faciliter pleinement ses travaux pratiques et pour accréditer ses conseils auprès des cultivateurs. Toutes ces circonstances ont donné lieu à des méprises fâcheuses dans les premiers emplois du noir animal, faits souvent sans expérience et sans précaution.

« Le noir animal, dit un rapport qui fait autorité dans la matière, favorise avant tout la production des *récoltes épuisantes*, notamment celles du froment, de seigle et d'avoine, et peu ou point celles du trèfle, du sainfoin et de la luzerne, qui constituent les prairies artificielles proprement dites, et forment les récoltes améliorantes par excellence. Cette circonstance est fâcheuse ; elle a contribué à diminuer les avantages qu'aurait pu produire l'application du noir au défrichement des landes, et imprime aux transformations opérées au moyen de cet engrais un caractère d'expédients, on pourrait presque dire de rapines, qui est loin d'être en harmonie avec le véritable progrès agricole. On ne saurait considérer, en effet, comme un progrès la transformation d'une lande peu productive, sans doute, mais riche, en une terre épuisée, désormais incapable de produire quoi que ce soit sans d'abondantes fumures. Or, le nombre des terres usées par l'emploi exagéré et abusif du noir est très-grand. »

Cet aveu est grave, car il émane d'hommes dont on ne saurait nier ni les tendances progressives, ni les connaissances pratiques en agriculture. Nous ne les suivrons pas dans le détail des expériences multipliées et souvent contradictoires en apparence, qui prouvent seulement combien l'emploi des noirs de diverses catégories a besoin d'être réglé par la théorie unie à la pratique, suivant les diverses natures de sols et de cultures. Nous dirons seulement que souvent l'excès des meilleurs noirs a produit dans les terres les plus dociles à leur action un effet analogue à celui de certains stimulants sur l'organisme humain, c'est-à-dire une exaltation factice suivie de prostration. Et de plus, comme les récoltes épuisantes sont aussi celles qui donnent immédiatement le plus de profit, il convient d'ajouter que l'emploi exagéré des substances surexcitantes par excès d'azote, a le grave inconvénient de développer parmi les cultivateurs cette tendance trop fréquente de nos jours à faire fortune trop promptement et à tout prix, en escomptant l'avenir au profit du présent.

Ce n'est pas tout. Une révolution d'ordre purement matériel semble menacer d'une notable diminution l'industrie du noir animal. Nous voulons parler de la substitution, déjà essayée avec succès dans plusieurs fabriques du nord de la France, de l'emploi de l'alcool à celui des noirs pour la décoloration des sirops. Toutefois les industriels qui ont recours à ce nouveau procédé ont jugé, non pas indispensable, mais utile, d'employer encore dans cette opération un dosage de noir égal au quart tout au plus de l'ancienne proportion. Il est donc constaté que ces résidus d'os calcinés, dont l'emploi est d'ailleurs pénible et désagréable, et donne à nos fabriques de sucre un aspect de saleté repoussant, peuvent être remplacés avec avantage par l'alcool, et que la différence sensible de prix entre ces deux agents décolorants est compensée largement par la quantité infiniment moindre d'alcool suffisante, pour arriver aux mêmes résultats. A la différence des noirs, l'alcool peut servir à un grand nombre d'opérations, et en définitive on arrive par ce nouveau procédé à des résultats identiques avec une économie de 75 0/0.

Il est vrai que dans la situation actuelle, ce procédé laisse intact l'usage des noirs en raffinerie (1) ; mais celle-ci en emploie une bien moindre quantité que la fabrication des sucres bruts, et l'emploi de l'alcool comme agent décolorant ne peut manquer de réduire, dans une forte proportion, l'industrie des noirs d'os calcinés, dont l'usage purement agricole ne couvrirait plus le prix de revient.

(1) Ce maintien des noirs pour la clarification ne serait même pas définitif, s'il fallait nous en rapporter aux renseignements qui nous sont transmis. On serait, dit-on, sur la trace d'un procédé économique pour remplacer le noir même des raffineries par l'alcool, et ces recherches n'auraient été entravées que par des circonstances tout à fait particulières et étrangères à l'industrie.

Au surplus, l'agriculture s'effraierait à tort de ce changement. Il lui reste les noirs des raffineries azotés par l'addition du sang séché, et elle pourra disposer en plus, dans une proportion naturellement plus forte, du broyage ou concassage des os crus, ainsi que de ceux qui ont servi à l'extraction des suifs, et qui gagnent, dit-on, à cette opération qui les débarrasse des matières graisseuses, une plus grande efficacité comme engrais.

Enfin l'industrie agricole a présentement à sa disposition des moyens de fécondation non moins énergiques, et infiniment moins dispendieux. Elle trouve cette dernière et précieuse ressource dans l'emploi des phosphates d'origine fossile ou minérale, dont il nous reste à parler.

IV.

Dans l'historique des engrais phosphatés, la recherche et l'emploi des phosphates *fossiles* proprement dits précèdent encore l'étude et l'usage des phosphates *minéraux*. Les débris d'origine organique récente, épars dans les deux mondes, ne suffisant pas à l'incessante activité de l'industrie du broyage, on s'adressa à ceux des êtres qui ont peuplé notre globe dans les périodes antérieures à la formation de l'homme ; aux ossements de ces animaux gigantesques devinés et recomposés par le génie de Cuvier ; aux débris d'animaux inférieurs, notamment des coquilles, dont la statistique, dit M. Bobierre, effraie l'imagination la plus hardie, et dont les couches amoncelées forment en diverses contrées, de vastes plaines, d'énormes montagnes qui attestent le travail de la vie et de la mort pendant des périodes d'une énorme étendue (1). L'industrie bénéficie des substances fertilisantes engagées dans ces squelettes ou fragments de squelettes de ces anciens habitants de la terre. Le lent travail des siècles, les rudes secousses des cataclysmes terrestres n'ont pas

(1) Bobierre, *Études*, page 69.

encore assez modifié dans ces os fossiles la substance animale des tissus organiques pour la dérober aux investigations patientes de l'analyse. Ainsi s'explique l'histoire connue d'un met inédit dans les fastes culinaires de l'humanité, de ce plat de *gélatine* de mammouth, servi en 1814 sur la table d'un préfet. On ne dit pas, toutefois, que personne en ait goûté, pas même les fonctionnaires.

Ici encore nous devons admirer, et cette fois sans aucune fâcheuse réserve, l'activité de l'industrie anglaise, ses explorations infatigables des terrains de toute nature, où la science a reconnu des agglomérations ossifères. Il y a assurément quelque chose de grandiose, de providentiel dans cette ardeur dévorante du travail moderne, évoquant au secours de l'humanité les débris même des créations qui l'ont précédée. D'ailleurs nous aimons mieux la voir prendre pour champ de bataille les *Crags de Suffolk*, les lias des falaises de la Manche, ces catacombes des grands mammifères retrouvés par la géologie, que les cimetières sacrés d'Austerlitz ou de Sébastopol.

On ne s'en est pas tenu là. Bientôt après, la chimie a signalé et l'industrie a accaparé à sa suite les singuliers fossiles désignés sous le nom de *coprolithes*, qui ne sont en réalité que des déjections de grands animaux antédiluviens. Puis l'on est arrivé à ces fragments calcaires connus aujourd'hui dans l'industrie agricole sous le nom de *nodules*. Les chimistes sont encore partagés sur l'origine de ces cailloux singuliers. On a contesté, peut-être un peu légèrement, que le phosphate dont ils sont profondément imprégnés eût jamais à aucune époque circulé dans l'économie animale. La grande affaire, après tout, c'est l'utilité agricole de ces nodules d'origine soit organique, soit minérale, et cette question pratique n'est plus douteuse aujourd'hui (1).

(1) M. Dehérain a comparé et résumé avec une lucidité remarquable les diverses conjectures des savants sur l'origine des nodules. Voyez à ce sujet, ses *Recherches sur l'emploi agricole des phosphates*, pages 46-50.

C'est encore à un savant français, M. Bertier, que revient le mérite d'avoir remarqué le premier, dès 1818, de ces nodules sur quelques points du littoral de la Manche. A sa suite plusieurs chimistes anglais, notamment MM. Buckland et Nesbitt, recherchèrent et signalèrent la présence de nombreux gisements de phosphates fossiles dans le sol de la Grande-Bretagne, et l'exploitation industrielle de ces phosphates était en activité dès 1848 en Angleterre. Nous avions autre chose à faire chez nous dans ce moment-là, et bien qu'on ait reconnu un grand nombre de gisements semblables dans plusieurs départements du Nord et de l'Est, le premier essai français d'exploitation du phosphate fossile ou minéral remonte à peine chez nous à deux années. Nous avons vu qu'une apathie analogue avait signalé en France l'emploi des résidus organiques. « Il est remarquable, dit judicieusement à ce sujet l'un des chimistes qui ont le mieux compris et traité cette importante matière, que dans cette question, comme dans beaucoup d'autres, les savants français aient signalé la marche que les industriels anglais ont suivie rapidement; tandis qu'en France, l'idée première est restée longtemps stérile, et n'a pu avoir de conséquence industrielle qu'après avoir reçu la sanction de la pratique anglaise. »

Quelques détails suffiront pour faire comprendre l'importance de ces nouveaux matériaux agricoles, et notamment celle des nodules français, qui tout naturellement doivent être mis en première ligne.

L'Angleterre et la France, éternellement rivales en toutes choses, bénéficient concurremment de cette précieuse découverte de la géologie moderne. Il est évident, en effet, que les gisements de nodules anglais et ceux du nord de la France appartiennent à un même bassin, dit anglo-parisien, dans lequel la mer a fait invasion. Mais cette grande convulsion de la nature permet à la science moderne de constater plus sûrement l'homogénéité des terrains sur les deux rives, de même qu'une brèche ouverte dans un mur rend plus visible, aux affleurements verticaux des deux portions restées debout, la similitude des matériaux qui le composent. Ainsi le banc de nodules qui existe dans le terrain crétacé inférieur des falaises du pays de Caux, se prolonge sur la côte de Surrey qui leur fait face, et les gisements du Boulonnais se continuent visiblement dans une zone de largeur correspondante de l'autre côté du détroit, dans la direction du comté de Kent.

Le beau travail de MM. Dufrenoy et Élie de Beaumont sur la carte géologique de France, nous fournit, sur l'existence des gisements de nodules exploitables dans les départements du nord et surtout de l'est de la France, des explications topographiques dont l'industrie commence à faire son profit.

Dans l'état actuel des explorations de nodules, les gisements les plus riches et les plus considérables couvrent une large zone de terrain, courant du sud au nord, dans les départements de l'Aube, de la Marne et de la Meuse. Dans toute cette étendue de pays, les nodules se rencontrent dans les sables verts du terrain crétacé inférieur, à peu de distance et souvent à fleur du sol. Vers les limites du département de l'Aisne, ils disparaissent par suite d'une dépression profonde, et ne se rapprochent de la surface des terres que dans le Boulonnais, où on les trouve jusque dans les falaises, pour reparaître ensuite sur la côte sud-est de l'Angleterre.

Une trentaine de nodules de la grande zone exploitable de l'Est, soigneusement analysés, ont donné en moyenne 18 0/0 d'acide phosphorique, c'est-à-dire une proportion de cette substance presque aussi forte que celle des noirs employés habituellement par l'agriculture. Dans les départements de l'Ouest, les résultats de l'emploi de la poudre de nodules ont complété et dépassé toutes les inductions du laboratoire. En 1858,

**M.** Bobièrre a fait un essai comparatif en grand entre un noir animal très-riche en phosphate et trois poudres de nodules, l'une mélangée de sang sec, et contenant 5 0/0 d'azote, la seconde très-peu animalisée, la troisième à l'état naturel. Le noir animal a été complétement battu dans cette lutte agricole. Son rendement a été, dans le rapport de 1863 à 1920 avec les nodules sans azote, à 3092 avec les plus faiblement dotées de matières animales; à 3833 avec les autres. Dans d'autres essais faits sur des défrichements de landes et de bois, la poudre des nodules pure a distancé à son tour tous les autres engrais mixtes. Ce résultat singulier est attribué par des praticiens éclairés à la combinaison du phosphate de chaux avec les racines d'ajoncs et de bruyères, qui complète sans mélange artificiel une juste proportion d'azote (1).

L'importance de ce nouvel auxiliaire de notre richesse agricole ne pouvait échapper à l'homme dont l'intelligence providentielle préside à nos destinées. Déjà, dans diverses circonstances, l'empereur Napoléon III a manifesté d'une manière non équivoque son intérêt pour l'industrie des phosphates, qui a obtenu, à la dernière exposition agricole, une médaille d'honneur.

Nous nous faisons un devoir de mentionner à cette occasion les efforts d'un véritable philanthrope, aussi modeste qu'actif et persévérant; efforts qui ont eu pour but, non la mise en œuvre facile de matériaux récoltés çà et là au hasard, mais la reconnaissance et l'occupation définitive des plus riches dépôts de substance fertilisante, à des conditions qui permettent de livrer à l'industrie agricole, pendant bien des années, d'énormes quantités de phosphates, dont l'extraction économique est garantie par des traités à long terme contre le caprice ou l'avidité des propriétaires du sol.

(1) La décomposition des bruyères donne lieu à la formation d'acide carbonique, et même d'acide acétique, qui ont la plus heureuse influence sur la solubilité du phosphate de chaux.

Ces observations s'appliquent surtout à l'un des plus importants gisements de nodules qui aient été rencontrés dans l'est de la France, ceux des Islettes et de Clermont-en-Argonne, deux noms déjà justement renommés dans les fastes militaires de 1792, et dont nos annales agricoles continuent la célébrité.

Ces gisements présentent une supériorité incontestable sur tous ceux qui ont été reconnus et exploités jusqu'ici en France, sous le triple rapport de l'abondance des matériaux, de leur richesse exceptionnelle et au-dessus de la moyenne générale des phosphates français en acide phosphorique (21 à 22 0/0 au lieu de 18), et enfin du bon marché des prix de revient, assuré pour longtemps par des conventions spéciales. Ces beaux résultats, qui en promettent de plus importants encore, sont l'œuvre de M. Dieuzaide, qui n'a reculé devant aucun sacrifice pour asseoir sur une base solide l'industrie des phosphates français.

Ces utiles travaux recommandent aux amis éclairés de la science et de l'industrie agricole le nom de M. Dieuzaide, comme celui d'un de ces hommes rares qui se dévouent, sans arrière-pensée, à l'accomplissement d'une œuvre utile, et qui trouvent dans le sentiment intime d'avoir fait le bien pour *lui-même* une récompense suffisante.

Ici vient se placer fort à propos, comme on va le voir, une observation neuve et importante, que nous tenons d'un jeune et habile chimiste, déjà cité fréquemment dans ce travail, et bien connu dans le monde scientifique et industriel par ses importants travaux sur l'emploi agricole des phosphates. Cette observation constate l'utilité d'adjoindre aux phosphates, quand ils ne s'y trouvent pas déjà, certains éléments dont l'importance agricole n'avait pas été suffisamment reconnue jusqu'ici.

D'une part, dit M. Dehérain, la paille de blé renferme une forte quantité de silice, et c'est à cet élément qu'elle doit sa rigidité, car généralement il manque ou ne se trouve qu'en très-faible

quantité dans les blés versés. D'autre part, entre autres conditions d'assimilation du phosphate dans le sol arable, *il est bon*
qu'il y rencontre du sesquioxyde de fer ou de l'alumine, qui
le mette sous une nouvelle forme, dans laquelle il est plus généralement attaqué par les carbonates de chaux ou les carbonates
alcalins (1). Or, *les scories de forges,* matière rejetée comme inutile, ou employée seulement jusqu'ici au macadamisage, ren-
ferment tout à la fois ces trois éléments, silice, sesquioxyde
de fer et alumine. Il résulte maintenant des faits précédemment
constatés qu'un engrais composé de scories, de phosphates et
de sels ammoniacaux, offrira presque toujours de grands
éléments de succès.

Cette observation nous semble appelée à rendre de grands
services dans l'emploi agricole de certains phosphates ( notamment ceux d'Espagne, dont nous parlerons tout à l'heure) totalement ou presque totalement dépourvus des éléments indiqués
ci-dessus, éléments qui pourront leur être fournis par l'adjonc-
tion conseillée des scories de forge. Mais par une coïncidence
heureuse, ces mêmes éléments abondent dans les nodules français
de l'Est. Les nodules des Ardennes ont donné à l'analyse 10 0/0
d'oxyde de fer et 26 0/0 d'argile et de silice, et des nodules
des Islettes, 4 0/0 environ d'oxyde et *trente-trois pour cent* d'argile et de silice. Ainsi ces nodules pulvérisés apportent d'eux-
mêmes dans le sol ces substances utiles unies aux phosphates,
sans qu'il soit besoin d'aucun mélange artificiel, qui nécessiterait
toujours un supplément de frais de transport et de travail, si
minime que fût en lui-même le prix de revient des matières ad-
jointes. C'est là un avantage dont il sera juste et nécessaire de
tenir compte, dans la pratique, aux nodules français de l'Est et

---

(1) Des expériences incontestables ont prouvé que des phosphates qui avaient résisté
à l'action préliminaire de l'acide carbonique, avaient *cédé dans le sol même* à l'attaque
des carbonates.

surtout à ceux des Islettes, qui contiennent la plus grande quantité de silice.

Outre les avantages immenses que présente dans bien des cas leur emploi direct, les nodules traités par l'acide sulfurique donnent le produit si connu en Angleterre sous le nom de *superphosphate* de chaux, dont la découverte a été, suivant l'expression récente de l'un des agronomes anglais les plus distingués, le commencement d'une ère nouvelle pour l'agriculture de la Grande-Bretagne.

Le superphosphate de chaux, résultat du traitement par l'acide sulfurique de toutes les substances riches en phosphate de chaux, a le double avantage d'utiliser immédiatement toute substance de cette nature dont la solubilité par les acides faibles ou dans le sol même semble douteuse, et de doter l'industrie agricole d'un moyen spécial et singulièrement énergique de fertilisation. Dès l'an 1843, le duc de Richemond s'était servi de l'acide sulfurique pour les os avec un tel succès, que tour à tour on a traité de même les guanos, les ossements fossiles, les nodules, les filons d'*apatite* ou phosphate cristallisé, substance à peu près insoluble par tout autre procédé.

L'emploi du superphosphate, cet agent énergique de fertilisation, réclame certaines précautions, à raison de son énergie même. Cette substance n'a pas réussi en Bretagne. Dans ces sols granitiques naturellement abondants en réactions acides, le phosphate traité par l'acide sulfurique apportait un surcroît inutile et même dangereux d'acidité, et n'exerçait plus une action seulement stimulante, mais bien corrosive. Il en est tout autrement des terrains où l'acide fait défaut ; là, le superphosphate, dosé ou non de sels ammoniacaux, a produit des résultats d'une richesse inouïe, et qui certainement ne manqueraient pas de se produire en France sur les terrains de nature analogue. Le superphosphate a sur les engrais de diverse nature, mais surtout sur le noir animal, l'immense avantage d'agir non-seulement sur les récoltes épuisantes, mais aussi, et avec une intensité plus grande encore, sur celles qui améliorent, comme les racines (1).

Le prix de revient des divers phosphates minéraux est sujet à des variations relativement peu sensibles entre elles, et qui tiennent principalement aux marchés plus ou moins avantageux passés avec les propriétaires des terrains où se trouvent les gisements, aux différences dans les prix de transport, et aux attributions plus ou moins larges de bénéfices pour l'exploitation.

Les nodules des départements de l'Est peuvent être livrés en moyenne, à Paris, au prix de 36 fr. la tonne non pulvérisée, et 50 fr. pulvérisée. Dans ce prix moyen, nous comprenons l'évaluation parfaitement équitable du bénéfice de l'exploitation, et, sous ce dernier rapport, ceux des Islettes, concédés primitivement à des conditions meilleures, pourront joindre encore l'avantage du bon marché à tous ceux qui ont été précédemment signalés.

L'avantage que présente, sous le rapport de l'économie, l'emploi des phosphates minéraux sur les résidus d'origine organique est trop évident pour que nous ayons besoin d'insister sur ce point. Nous nous bornerons à rappeler que les noirs contenant, comme les nodules des Islettes, 21 0/0 d'acide phosphorique, coûtent présentement non pas 50 fr. la tonne, mais 14 fr. les 100 kil., c'est à dire 140 fr. la tonne ; et cela par suite d'une dépréciation considérable et récente, car ils coûtaient près du double anciennement.

---

(1) Le superphosphate a donné, en navets, 34,000 kil. par hectare contre 22,000 kil. seulement obtenus par la poudre d'os, et 1,309 sans engrais. (BOBIERRE, *Études*, 360.)

Les résultats obtenus par M. Lewes sont encore plus prodigieux. Quant aux récoltes en grains, celles des terres superphosphatées dépassent d'un cinquième celles des meilleurs guanos. Ces résultats sont définitivement acquis en Angleterre depuis bientôt vingt ans à la pratique agricole.

Le prix des noirs *neufs* est encore plus élevé : 18 à 20 fr. les 100 kil. Les os dont on a extrait le suif sont considérés comme les plus propres aux usages agricoles; ils coûtent encore 14 fr. les 100 kil., et le prix des os crus est encore supérieur. L'emploi des phosphates minéraux présente donc, en moyenne, une économie de 60 0/0 avec des avantages égaux, sinon plus grands, au point de vue de la fertilisation.

V.

Enfin l'industrie nouvelle des phosphates minéraux est appelée à recevoir, dans un prochain avenir, d'importants développements. Des gisements d'une grande richesse ont été reconnus dans diverses contrées de l'Europe, et il en est plusieurs dont la France pourra bénéficier dans une certaine mesure.

Parmi ces gisements, le plus considérable paraît être celui de Logrossan, en Estramadure. Là il ne s'agit plus de fragments épars à fleur de terre ou à une certaine profondeur; pas même de filons ou de veines disséminés dans le sol, comme on en a signalé et même exploité dans d'autres pays, mais de couches d'une épaisseur considérable, ou plutôt de véritables *carrières* de chaux phosphatée.

Plusieurs expérimentations faites par des chimistes distingués ont déjà révélé au monde scientifique l'importance exceptionnelle des phosphates de Logrossan. MM. Daubeny et Wittington, qui en ont analysé quelques échantillons, n'y ont pas trouvé moins de 81 05 parties de phosphate de chaux, soit plus de 36 0/0 d'acide phosphorique. Dans un autre échantillon de la même provenance, pris au hasard et analysé récemment par M. Dehérain, la proportion du phosphate de chaux s'est élevée à 82 05, (analyse du 3 août 1860.) Enfin une analyse faite

à l'école des mines de Saint-Étienne a donné le chiffre énorme
de 95 0/0.

Restait à déterminer, au point de vue de l'exploitation agricole, l'importance de ces gisements ; car, s'il n'en existait que
de *petits filons,* d'une qualité exceptionnelle, ils ne pourraient,
bien entendu, servir de base à une grande exploitation.

C'est là une question purement matérielle, et d'illustres savants
français ont fait ici fausse route, en adoptant un peu légèrement
les assertions déjà anciennes d'un ingénieur qui a visité le pays
à une époque où la difficulté des communications créait des
obstacles presque insurmontables à une exploitation sérieuse et
complète. M. L..., dans sa reconnaissance de 1833, n'avait vu
en effet que des filons d'une importance médiocre, et s'était cru
suffisamment édifié pour rejeter comme fabuleux les récits qui
lui avaient été faits des énormes dépôts de phosphate de l'Estramadure. Des études plus complètes et plus récentes ont dé-
montré que l'auteur de ce rapport avait agi un peu précipitam-
ment, et exagéré à son tour l'incrédulité. Déjà en 1843,
MM. Daubeny et Wittington avaient observé que les petits
filons de M. L... s'amplifiaient considérablement sur des points
non explorés par l'ingénieur français, et pourraient devenir
l'objet d'une exploitation utile.

Dans la situation actuelle des explorations, le rapport primi-
tif est complétement distancé. De nouvelles fouilles, exécutées
sur une vaste étendue de terres, ont révélé l'existence, sur plusieurs points, de diverses branches ou filons d'une étendue considérable. M. Bobierre, dans ses *Études sur les phosphates,* publiées
en 1859, évaluait déjà cette étendue à 30 à 50 kilomètres
carrés.

Depuis cette époque de nouvelles recherches ont constaté que
cette évaluation était insuffisante. On a reconnu aujourd'hui
*onze* rameaux importants, et l'on ne connaît pas tout encore.

L'un d'eux, celui de Costanaza, s'étend sur une longueur d'environ 6 kilomètres, et sur une hauteur verticale de 10 à 12 mètres. Plusieurs de ces contre-forts arrivent à fleur de terre, les autres sont à une profondeur peu considérable, et peuvent être exploités à ciel ouvert. Parmi les explorateurs des carrières phosphatées de Logrossan, nous devons signaler du côté des Anglais MM. Daubeny et Rosway, et parmi nos compatriotes l'infatigable M. Dieuzaide, qui n'a épargné ni voyages, ni sacrifices de toute nature, pour constater la richesse des phosphates de Logrossan, leur étendue, et les meilleurs moyens d'exploitation et de transport. C'est grâce aux efforts généreux, au zèle persévérant de cet éminent philanthrope que l'on va commencer l'exploitation des immenses gisements des phosphates de Logrossan, et que l'agriculture de l'Espagne, et celles des autres pays, vont être enfin dotées de ce précieux et abondant produit.

Ces masses de chaux phosphatée sont d'une telle importance. qu'il n'est pas rare de trouver dans ces contrées des maisons et des clôtures bâties en blocs et en moellons de cette substance, de même que l'on voit des maisons construites entièrement en ardoises dans les environs d'Angers ou de Châteaulin. Quand on songe qu'en Angleterre les terrains où les couches de mammifères ou de coquilles fossiles sont exploitées, ont déjà rapporté aux propriétaires plus que la valeur vénale du sol, qu'il en est de même dans ceux qui sont l'objet de l'exploitation des nodules (encore que le sol bénéficie de leur ramassage ou de leur extraction), on est frappé de l'importance de la plus-value que réserve un prochain avenir à ces terrains de l'Estramadure, immense réserve d'engrais qui pourrait au besoin suppléer à l'épuisement de toutes les ressources agricoles de ce genre.

Il est vrai qu'à l'heure où nous écrivons ces lignes, le phosphate de l'Estramadure oppose encore aux efforts de la chimie, pour l'approprier directement à l'usage agricole, une résistance opiniâtre, mais dont on peut prévoir le terme. L'Espagne elle-même, où la nature a placé cette citadelle des phosphates, nous fournit une comparaison historique qui peut donner une juste idée de cette rébellion obstinée. La phosphorite de Logrossan aux prises avec les premiers assauts de la science, rappelait l'effort suprême de Numance luttant contre la puissance romaine. Les détails de cette stratégie chimique, dont les obstacles ne font qu'irriter l'ardeur ingénieuse et infatigable, sembleront arides et intolérables aux esprits superficiels. Ils prennent au contraire un intérêt presque poétique pour les esprits élevés, si étrangers qu'ils soient aux études scientifiques; car ici la victoire était si difficile, son objet d'une telle importance, que tout le monde voudra comprendre, et que personne ne refusera d'admirer.

Jugez-en plutôt ! Dans la phosphorite ou retrouve en quantité énorme cette substance fertilisante, l'élément principal des noirs d'origine organique, des phosphates purement fossiles, des nodules. Mais ici l'analogie cesse; les procédés ordinaires du laboratoire demeurent stériles. Par suite de révolutions étranges et inconnues, l'élément régénérateur du sol se trouve engagé là dans des combinaisons tellement exceptionnelles, tellement compactes, que la science a échoué dans ses premiers efforts pour l'arracher à cette concrétion obstinée, et l'asservir à ce joug commun de l'industrie humaine que tout objet terrestre semble destiné à subir avant que la terre et l'humanité finissent.

Pulvérisée, soumise à l'action de l'eau gazeuse, de l'eau saturée de sel marin, à l'action alternative de la chaleur rouge et de l'eau froide, la phosphorite de l'Estramadure persiste dans l'isolement. Cette substance étrange garde, en signe d'indépendance, de rébellion obstinée, une lueur verdâtre visible au contact de la flamme ; dans les ténèbres on dirait cette clarté phosphorescente qui, dans les contes de fées et dans la mythologie, jaillit des yeux des dragons préposés à la garde des trésors.

Mais si la résistance est énergique, l'attaque est ingénieuse, persévérante, et la lutte finira, que dis-je? elle a déjà fini comme les autres, à l'avantage de la science. Est-ce que le problème de la navigation aérienne, lui aussi, demeurera à jamais insoluble? Est-ce que nous ne verrons pas se renouveler bientôt, et cette fois avec un succès définitif, l'effort gigantesque qui doit relier les deux mondes par la télégraphie sous-marine? La phosphorite elle aussi a dû bientôt succomber dans sa lutte contre le génie humain. Avant même que de nouveaux essais directs d'assimilation, faits en Angleterre et même en France, eussent obtenu des résultats décisifs, la science avait su tourner la difficulté.

C'est l'acide sulfurique qui a amené le premier à composition, ou plutôt à *décomposition*, cette substance rebelle (1). M. Daubeny a constaté que dans la phosphorite pulvérisée, soumise à l'énergique attaque de cet agent chimique, une partie au moins de la substance fertilisante devient enfin soluble, qu'elle se précipite sous la forme gélatineuse, et que la même opération répétée aboutit enfin à un résultat complet. Dès lors cette substance est complétement modifiée ; la science et l'industrie agricole ont conquis un nouveau et immense supplément de ce phosphate de chaux acide, déjà si connu sous le nom de superphosphate, et dont nous avons parlé précédemment.

Cette transformation suffirait pour assurer aux produits espagnols un magnifique avenir. Mais il est bien à remarquer que la chimie agricole, même en présence de l'insuccès de ses premières tentatives pour assimiler *directement* la *fosforita*, n'avait jamais regardé cette insolubilité comme un fait définitif. Cette

(1) Depuis plusieurs années déjà l'apatite ou phosphore cristallisé (combinaison non moins tenace que la phosphorite) avait été vaincue par le même procédé et employée en Angleterre à la fabrication des superphosphates. On a trouvé en Norwége des filons considérables de cette substance, fort différente de la phosphorite par sa composition.

persistance d'espoir était autorisée par des antécédents d'une date récente et d'une complète analogie. Au début de l'exploitation des phosphates fossiles et minéraux, tous les chimistes avaient cru également au premier abord que ces substances ne pourraient être d'aucun emploi, tant qu'on ne les aurait pas attaquées par des acides minéraux (1). Mais bientôt des expériences de laboratoire vinrent contredire cette assertion, en démontrant la solubilité de ces nouveaux éléments de fertilisation par les divers agents chimiques du sol, et notamment par les acides carboniques et acétiques. On a reconnu également l'influence plus considérable encore qu'exerce sur ces substances un contact plus ou moins prolongé avec l'oxygène atmosphérique (2), et ces inductions ingénieuses ont été pleinement confirmées par les heureux résultats de l'emploi direct de la poudre des nodules, même non analysée.

En présence de pareils faits, et nonobstant l'insuccès des premières expériences analogues tentées sur la phosphorite de l'Estramadure, tous les chimistes ont dû imiter la réserve de M. Bobierre, et déclarer comme lui que la question de l'emploi de la phosphorite demeurait entière et digne d'être étudiée (3). Depuis l'époque encore récente où a été formulée cette réserve, la science et l'expérience ont marché de front en avant, et les hommes les plus compétents ne doutent plus que la solubilité directe de la phosphorite pulvérisée ne puisse enfin être déterminée par un long séjour à l'air libre, et par un contact assidu avec des matières susceptibles de fermentation, comme serait par exemple sa combinaison avec les fumiers dans des terres épuisées.

(1) Dehérain, p. 95.

(2) C'est à M. Dehérain que la chimie agricole est redevable des plus importantes observations sur l'effet produit par l'air sur la solubilité des phosphates minéraux.

(3) *Etudes*, p. 60.

On pense aussi que son emploi direct (1) dans les landes pourrait produire des effets non moins heureux que la poudre des nodules.

La chimie agricole a si bien pressenti l'avenir de la phosphorite, qu'à l'époque même des premiers essais infructueux d'assimilation, elle se préoccupait déjà des questions de prix de revient et de transport. Au moment même où des échantillons de cette substance résistaient encore à la solubilité dans le laboratoire même de M. Bobierre, ce chimiste s'occupait déjà avec une louable prévoyance des conditions économiques qui présideraient à l'emploi de la phosphorite. Il transmettait à son auditoire breton les calculs positifs auxquels est arrivé, à cet égard, un ingénieur anglais (M. Rosway). Sur le lieu d'exploitation, l'extraction des masses phosphatées revient de 75 c. à 1 fr. Logrossan est comme on sait sur la route même de Madrid à Lisbonne, à une très-minime distance du chemin de fer actuellement en cours d'exécution, qui doit relier les deux capitales. En attendant, les moyens de transport ne sauraient manquer. L'Estramadure est le centre de l'industrie du roulage espagnol. La phosphorite pourrait être acheminée de Logrossan vers l'un des points les plus rapprochés du Tage, à des prix moins élevés peut-être que dans aucune autre contrée de l'Espagne ; transportée ensuite par eau à Lisbonne, et de là dans les ports d'Angleterre, et au besoin dans les nôtres. Toutefois la nécessité de puiser dans cette importante réserve d'engrais se fait bien plus vivement sentir chez nos voisins que chez nous, où l'application des phosphates minéraux à l'agriculture est plus nouvelle, la population moins compacte, où par conséquent les ressources en engrais de ce genre sont encore presque intactes. Il est certain au contraire qu'en Angleterre les gisements fos-

_____

(1) Dosée ou non de sulfure d'ammoniaque, suivant la nature des terrains.

siles ou minéraux sont déjà fouillés à une telle profondeur, que les frais d'extraction d'ici à peu de temps seront égaux ou même supérieurs au prix de revient des phosphates espagnols rendus sur le marché anglais. Ce prix est évalué, en y comprenant un bénéfice raisonnable pour une société exploitante, à 90 francs par tonne. Ce chiffre est incontestablement inférieur à celui de tous les autres engrais actuellement livrés au commerce, eu égard à la richesse relative de ces nouveaux phosphates, près de 40 0/0 en moyenne d'acide phosphorique. Il importe toutefois d'observer 1° que le dosage d'une certaine quantité de silice, dont nous avons précédemment constaté l'importance agricole et qui existe à l'état naturel dans les nodules de l'est de la France, ne pourra être obtenu pour la phosphorite que par le mélange artificiel de scories de forges déjà mentionné, puisque aucune des analyses faites jusqu'ici sur la phosphorite n'a donné plus de 1 1/2 à 2 0/0 de silice; 2° que d'après des observations récentes, la fructification alimentaire ne réclame, dans toute terre arable, qu'une certaine quantité de phosphore, au delà de laquelle une ingestion supplémentaire de cette substance ne nuit pas comme ferait l'excès d'azote, mais demeure inerte.

Ces considérations doivent suffire pour rassurer l'industrie des phosphates français contre toute rivalité étrangère. Au surplus, nous sommes loin de repousser l'emploi éventuel de la phosphorite dans certaines contrées de la France. Son origine espagnole la rend même particulièrement intéressante pour nous, et nous croyons qu'elle peut devenir, dans bien des circonstances, un auxiliaire utile de notre richesse agricole, sans préjudicier en aucune façon aux intérêts légitimes de ceux qui se dévoueront à l'exploitation de nos propres ressources en ce genre.

## VI.

Résumons-nous.

L'épuisement partiel de certaines contrées, usées par une production trop abondante, a été l'objet de la préoccupation des plus anciens agronomes. Toutefois, dans ces temps comparativement reculés, ils n'ont pu envisager ni deviner même la question dans son ensemble. La terre, à la fois plus jeune et moins peuplée, se fatiguait moins de produire, et sur bien des points réparait d'elle-même ses forces. Par suite d'une loi mystérieuse, providentielle, les invasions des temps barbares, les guerres d'extermination profitaient à la restauration du sol. Bien avant que les propriétés si énergiquement fertilisantes du *sang séché* fussent nettement formulées par la science, cette matière puissamment azotée accomplissait sa mission partout où la confiaient au sol le massacre et la guerre, agents énergiques et involontaires de régénération.

On trouve dans l'agriculture du moyen âge les traces d'un empirisme pratique très-avancé, mais sans système général bien arrêté. Toutefois, les transports et mélanges de terres de diverses natures, dont il est question dans les agronomes de ce temps, semblent annoncer déjà le besoin de confier au sol d'autres agents réparateurs que ceux des fumiers ordinaires. La diminution progressive du rendement des récoltes fut à diverses reprises, et notamment en France, l'objet de la sollicitude des administrateurs éclairés. Un homme dont les travaux militaires ne suffisaient pas à absorber le vrai génie, écrivait vers 1700 : « On s'est aperçu que les biens de campagne rendent moins qu'ils ne rendaient autrefois ; peu de personnes ont pris la peine d'examiner à fond quelles sont les causes de cette diminution, qui se fera sentir de plus en plus si on n'y apporte le remède convenable. » L'illustre Vauban semble avoir pressenti, dans ces lignes, les problèmes futurs de la tactique agricole.

Enfin, au commencement de ce siècle, le génie d'un écrivain méconnu (1) avait entrevu l'éventualité de la fin du monde par l'épuisement du sol arable. Les recherches et les inductions de la chimie agricole ont confirmé les pressentiments du poëte. La stérilisation de certaines parties du globe a déjà contribué à la chute des anciens empires ; le même sort nous menace, si nous n'avisons à parer au danger.

Déjà des symptômes de fatigue se manifestent dans nos campagnes ; elles réclament les secours de la science et de l'industrie, qui s'attachent à restituer au sol débilité es deux éléments réparateurs, le phosphate et l'azote. Le dernier est à la fois le plus abondant et le plus assimilable. Toute décomposition de matière animale le concentre et l'exhale ; toute mort participe par lui à une résurrection ; et, sur ce point, le travail incessant de la nature soutient mieux les efforts de l'homme. Mais à quoi bon la végétation stérile ? A quoi bon les arbres sans fruits, et les moissons sans épis ? Et c'est précisément sur le principe de la fructification alimentaire des hommes et des animaux que porte surtout l'épuisement. La mort est aussi avare de phosphate que libérale d'azote. Là est le danger, déjà nettement défini depuis longtemps. La question, a dit un des patriarches de la chimie agricole, est de savoir où trouver assez de phosphates pour rajeunir des contrées entières (2).

Une tendance irrésistible et salutaire entraîne aujourd'hui la science et la pratique vers la solution de ce problème. L'agri-

(1) Grainville, *le Dernier homme.*

(2) Élie de Beaumont.

culture doit à cette tendance l'importation des guanos, le secours bien autrement considérable du noir animal. Nous avons dit l'essor si rapide, les services réels de cette industrie, mais nous avons dû rappeler aussi les profanations, les falsifications scandaleuses qui la déshonorent; les mécomptes agricoles provenant d'emplois d'engrais mal réglés, l'inconvénient sérieux qu'elle présente d'agir principalement sur les récoltes les plus lucratives, mais les plus épuisantes, enfin la révolution industrielle dont elle est menacée.

L'industrie du noir animal, c'est déjà le passé ; l'avenir de l'agriculture appartient aux phosphates minéraux. Tout milite en leur faveur : abstention de toute témérité sacrilége; action non moins efficace et plus énergique sur le sol ; bénéfice de l'expérience et même des fautes passées ; efficacité agricole au moins égale à celle des produits des os broyés, avec une énorme supériorité au point de vue du bon marché, qui présente ici le double avantage d'attirer l'acheteur et de décourager le falsificateur.

La bienveillance de l'auguste chef du gouvernement français est justement acquise à l'industrie des phosphates minéraux. Ils nous semblent appelés à devenir l'auxiliaire le plus puissant de ce système d'amélioration, de reprises pacifiques sur les sols stériles, qui marche de front dans la pensée du souverain avec l'affermissement de notre puissance militaire et politique. L'acquisition de vastes terrains, l'établissement de fermes modèles dans les régions présentement les plus ingrates du sol de la France, est une idée toute napoléonienne, dont l'emploi des ressources que nous indiquons garantit le développement et le prompt succès. On ne saurait douter des puissants effets que produirait dans les landes sablonneuses de la Gascogne, dans les déserts marécageux de la Sologne, l'emploi des phosphates combinés avec les fumiers, ou, à défaut de fumiers suffisants azotés dans une proportion convenable et à peu de frais, par l'addition d'une certaine quantité de sulfate d'ammoniaque (1).

Des travaux dirigés dans ce sens hâteraient à coup sûr la fertilisation des contrées stériles, objet de la sollicitude du chef de l'État. L'initiative lui en revient de droit; elle est le complément naturel de la conquête pacifique déjà méditée et commencée. Là aussi il y a à réaliser, pour la France, des annexions nécessaires et durables.

Qui sait si l'emploi des engrais phosphatés ne s'étendra pas jusqu'aux plaines crayeuses de la Marne, si les loisirs de nos soldats, habitués à tout vaincre, ne pourront pas être utilisés dans ces luttes énergiques contre l'infertilité, et si le camp de Châlons n'est pas destiné à offrir au monde moderne le spectacle de l'ancien camp romain, l'association intime et glorieuse de la discipline militaire et du travail agricole?

Admirons, en finissant, la force prodigieuse et vraiment rassurante de l'industrie humaine! Les phosphates fossiles ou minéraux ont déjà, pour la plus grande partie du moins, circulé dans l'économie animale, appartenu à la constitution osseuse des êtres connus ou inconnus qui ont peuplé le globe avant nous. D'un autre côté, les silices et les sels ammoniacaux proviennent des usines à gaz ; ce sont des résidus de houille, c'est-à-dire de végétaux fossiles, de forêts antédiluviennes carbonisées. C'est ainsi que l'industrie fait son butin parmi les dépouilles du passé, et emprunte à cette réserve immense les deux principes réparateurs par excellence. Que la sagesse de la race humaine égale son génie, et de longs et glorieux jours lui sont réservés encore !

Si l'organisation de cette lutte gigantesque et féconde reçoit

(1) On peut se procurer dans les fabriques de gaz du sulfate d'ammoniaque à 35 fr. les 100 kilog., et 10 kilog. suffiraient en moyenne pour azoter convenablement 100 kilog. de phosphate de chaux.

dans la pratique les développements indiqués par la science,
toute inquiétude sur l'épuisement du sol arable doit cesser désormais. Nous sommes surtout pleinement rassuré par rapport à la
France. Dans une question qui intéresse à un si haut degré son
avenir national, elle peut compter sur l'énergie comme sur la
prévoyance de son illustre chef. Ramener par degrés la France
à se suffire à elle-même, rétablir et maintenir par un système
intelligent de fécondation, sa production en équilibre avec la
densité croissante de sa population; c'est encore lutter pour
l'indépendance, et l'honneur du pays. Fions-nous pour l'accomplissement d'une si noble tâche à cet esprit habitué aux conceptions rapides, à cette main puissante d'où s'échappent tant de
bienfaits; enfin au labeur courageux de cette armée des campagnes, toute prête à seconder son élu dans ce grand œuvre de
régénération ! Maintenant nous pouvons espérer la réalisation
de la vieille prédiction armoricaine : « Avant que vienne la fin
du monde, la plus mauvaise terre produira le meilleur blé. »

Baron **ERNOUF.**

PARIS. — IMPRIMERIE CENTRALE DES CHEMINS DE FER, DE NAPOLÉON CHAIX ET Cᵉ, RUE BERGÈRE, 20. — 1159